FORSCHUNGSBERICHT DES LANDES NORDRHEIN-WESTFALEN

Nr. 3078 / Fachgruppe Physik/Chemie/Biologie

Herausgegeben vom Minister für Wissenschaft und Forschung

Prof. Dr. rer. nat. Eberhard Staude
Dr. rer. nat. Wolfgang Schmidt

Institut für Technische Chemie
Universität - Gesamthochschule - Essen

Zur Anwendung der Elektrodialyse
auf die Trennung von
Schwermetallkomplexen

Springer Fachmedien Wiesbaden GmbH 1981

CIP-Kurztitelaufnahme der Deutschen Bibliothek

Staude, Eberhard:
Zur Anwendung der Elektrodialyse auf die
Trennung von Schwermetallkomplexen /
Eberhard Staude ; Wolfgang Schmidt. -
Opladen : Westdeutscher Verlag, 1981.

  (Forschungsberichte des Landes Nordrhein-
Westfalen ; Nr. 3078 : Fachgruppe Physik,
Chemie, Biologie)
  ISBN 978-3-531-03078-4
NE: Schmidt, Wolfgang;; Nordrhein-Westfalen:
Forschungsberichte des Landes ...

© 1981 by Springer Fachmedien Wiesbaden
Ursprünglich erschienen bei Westdeutscher Verlag GmbH, Opladen 1981
Herstellung: Westdeutscher Verlag GmbH

ISBN 978-3-531-03078-4   ISBN 978-3-663-19753-9 (eBook)
DOI 10.1007/978-3-663-19753-9

Inhalt

1.	Zielsetzung der Untersuchungen	1
2.	Struktur der Messungen	5
2.1.	Vorbemerkung zur Operationalisierung der Zielsetzung	5
2.2.	Entwurf des Meßsystems	9
2.3.	Spezifizierung der Meßfunktion	13
3.	Versuchsaufbau und Durchführung der Messungen	17
3.1.	Versuchsaufbau	17
3.2.	Versuchsdurchführung	22
3.3.	Analytik	24
4.	Versuchsergebnisse	25
4.1.	Überprüfung der Voraussetzungen	25
4.2.	Einfluß der Betriebsbedingungen	29
4.3.	Nebenioneneffekte	37
4.4.	Einfluß der Komplexladung	41
4.5.	Einfluß der Membranvergiftung	45
5.	Zusammenfassung und Schlußfolgerung	46
6.	Literaturverzeichnis	50

1. ZIELSETZUNG DER UNTERSUCHUNGEN

Die Anwendung der Elektrodialyse auf Probleme der metallverarbeitenden Industrie steht noch weitgehend am Anfang. Welcher Aufgabenkreis auch herausgegriffen wird, von der selektiven Abtrennung von Schadstoffen bei der Aufbereitung von Prozeßabwässern bis zur Regenerierung von Galvanisierbädern und Spüllösungen, von der Rückgewinnung von Wertstoffen unter Abtrennung minderwertigerer Bestandteile bis zur hydrometallurgischen Reindarstellung von Metallen, immer steht das Problem der Trennung im Vordergrund.

Werden derartige Lösungen der Elektrodialyse unterworfen, ist eine wirkungsvolle Trennung nur mehr oder minder schwer zu erzielen, da das elektrische Feld als treibende Kraft in dem Maße unselektiv auf alle Komponenten wirkt, in dem sich die letzteren in ihren elektrochemischen Eigenschaften gleichen. Das wird beispielsweise durch die Untersuchung von WINTERHAGER u. KRÜGER (1976) belegt, deren Ziel es war, einen Kupferendelektrolyten, der neben Kupfer- noch Arsen- und Nickelionen enthielt, durch Elektrodialyse aufzubereiten. Die Autoren berichten zwar über gute Stoffdurchsätze, jedoch über mangelnde Selektivität, so daß der Prozeß in dieser Form für die praktische Anwendung ungeeignet erscheint.
Bei Orientierung dieser Problematik am Modell der Wasserentsalzung, bei der ja letztlich eine Trennung von Natrium- und Chloridionen aufgrund ihrer entgegengesetzten Ladungen erreicht wird, wäre ein möglicher Ansatz, eine der zu trennenden kationischen Komponenten gezielt und selektiv in die Form eines Anions zu bringen. Komplexbildner bieten sich hierzu an. In dieser Weise haben LABBE et al. (1975) versucht, das System Kobalt/Nickel durch Zusatz von Ethylendiamintetraessigsäure (abgekürzt im folgenden mit EDTA, als vollprotonierte Säure auch als H_4Y formuliert) in eine

für eine Trennung geeignete Form zu bringen, indem aufgrund entsprechender Versuchsbedingungen und bei ausreichend verschiedenen Komplexstabilitäten eine selektive Komplexierung des Nickels erfolgt.

Wird einer Lösung, die Kobalt- und Nickelionen zu gleichen molaren Anteilen enthält, eine der Nickelionenkonzentration äquimolare EDTA-Lösung zugesetzt, so wird sich ein pH-abhängiges Gleichgewicht einstellen:

$$CoY^{2-} + Ni^{2+} \rightleftarrows Co^{2+} + NiY^{2-}, \qquad (1)$$

dessen Gleichgewichtskonstante K sich aus dem Quotienten der beiden Komplexstabilitätskonstanten errechnet:

$$K = K_{NiY^{2-}} / K_{CoY^{2-}}, \qquad (2)$$

wobei $K_{MeY^{2-}} = (c_{MeY^{2-}})/(c_{Me^{2+}} \cdot c_{Y^{4-}})$ ist. (3)

Da in diesem System der Nickelkomplex der stabilere ist, wird er im Gleichgewicht bevorzugt gebildet.
Das in der genannten Weise modifizierte System Kobalt/Nickel-Edetat läßt sich durch Elektrodialyse auftrennen, wie es die Abb. 1 schematisch zeigt.

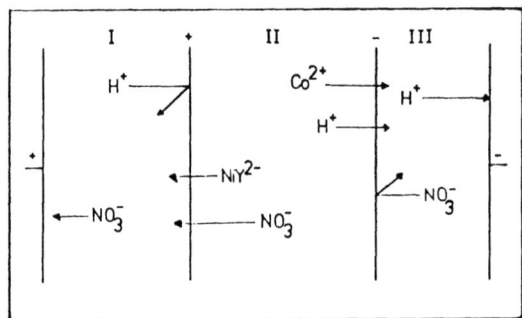

Abb. 1 Elektrodialyse-Schema zur Trennung von Kobalt und Nickel (nach LABBE et al., 1975)

Nach LABBE et al. (1975) wird das Donatorkompartiment (II)
mit der Ausgangslösung durchströmt. Die Akzeptorkompartimente
enthalten jeweils Salpetersäurelösungen. Nach Anlegen des
elektrischen Feldes setzen die Ionentransportvorgänge in
der Weise ein, daß die Kobaltionen in die Kammer III gelangen, die Nickel-Edetat-Ionen dagegen in die Kammer I.
Nach dem ersten Durchlauf finden die Autoren 5% des Nickel-
Edetats im Auslauf der Kammer I mit einer Reinheit von 99,7%,
im Auslauf der Kammer III eine Anreicherung des Kobalts
um den Faktor 5. Die Autoren weisen darauf hin, daß durch
Recycling einerseits, durch eine Hintereinanderschaltung
andererseits eine für praktische Zwecke ausreichende Se-
paration von Kobalt und Nickel möglich sei.

Obwohl diese Ergebnisse durchaus vielversprechend erscheinen, müssen doch einige kritische Anmerkungen gemacht
werden:

1. Die in den Untersuchungen gewählten Versuchsbedingungen
sind in der Praxis häufig nicht gegeben. Das gilt sowohl
für die Äquimolarität der zu trennenden Metallionen, als
auch vornehmlich für ein Molverhältnis von 1:1 für Metall-
zu Wasserstoffionen, da in praxi oft saure und verdünnte
Metallsalzlösungen vorliegen.

2. Die Überführungszahl der relevanten Ionenspezies ist
gering, da der größte Teil des Stromes von Nebenionen (Wasser-
stoff- bzw. Nitrationen) getragen wird, wodurch der Wirkungsgrad wesentlich beeinträchtigt wird. Dieser Effekt ist umso
ausgeprägter, je saurer die Ausgangslösung ist (vgl. Anm. 1).

3. Die Autoren berechnen zwar den pH-Bereich, in dem die
Komplexierung geeignet selektiv abläuft, berücksichtigen
aber nicht, daß während der Elektrodialyse mehr oder minder
starke pH-Verschiebungen auftreten, die möglicherweise auch
die Komplexstabilitäten ungünstig beeinflussen können.

4. Wenn über das spezielle System Kobalt/Nickel hinaus der Ansatz als allgemeine Methode der Schwermetallionenseparation begründet werden soll, so muß beachtet werden, daß EDTA je nach Trennproblem als Komplexbildner ungeeignet ist, da sich die entsprechenden Komplexstabilitätskonstanten zu wenig unterscheiden. Somit müssen neben EDTA noch weitere Komplexbildner untersucht werden, für die sich dann aber andere, eventuell ungünstigere Transportraten und Wirkungsgrade ergeben können, wodurch der Prozeß in einem solchen Fall infrage gestellt werden kann.

5. In diesem Zusammenhang muß weiter angemerkt werden, daß die Untersuchungen auf die Bestimmung des Einflusses der Betriebsgrößen beschränkt wurden, während wesentliche elektrochemische Parameter (Ladung, Beweglichkeit) unberücksichtigt blieben.

6. Effekte der Membranvergiftung wurden vernachlässigt.

7. Soll die Methode technisch verwertet werden, ist es notwendig, den Komplexbildner zurückzugewinnen. Es müssen also geeignete Methoden der Dekomplexierung erarbeitet werden.

Insgesamt haben die Experimente von LABBE et al. (1975) aber gezeigt, daß eine Trennung von Schwermetallionen unter Verwendung von Komplexbildnern durch Elektrodialyse grundsätzlich möglich ist. Da ihre Untersuchungen jedoch auf besonders günstigen Voraussetzungen beruhen, bleibt die Frage zu klären, ob der Ansatz auch unter weniger günstigen Bedingungen brauchbar ist.
Unter Berücksichtigung der genannten Kritikpunkte können als Leitlinien für diese Untersuchungen folgende drei Fragen angesehen werden:

1. Welche der den Ionentransport beeinflussenden Parameter sind vordringlich von Belang, wenn primär die praktisch-technische Anwendung interessiert?

2. Wie sieht dieser Einfluß im einzelnen aus?

3. Unter welchen Bedingungen kommt ein Einsatz der Elektrodialyse bei einem vorgegebenen Problem überhaupt sinnvoll infrage?

2. STRUKTUR DER MESSUNGEN

2.1. VORBEMERKUNGEN ZUR OPERATIONALISIERUNG DER ZIELSETZUNG

Bevor die Struktur der Messungen erläutert werden kann, muß klargestellt werden, auf welche Weise die im 1. Kapitel in allgemeiner Form genannten Fragen in konkrete, meßtechnisch definierte Zielfunktionen (abhängige Variable) und Parameter (unabhängige Variable) übersetzt werden können. Dies wird erleichtert, wenn der im vorigen beschriebene Ansatz genauer analysiert wird:

Von der vorgegebenen Ausgangslösung mit den zu trennenden Komponenten bis zur Reindarstellung der letzteren werden drei Stufen durchlaufen (vgl. dazu Abb. 2):

   1. Stufe: Komplexierung
   2. Stufe: Trennung durch Elektrodialyse
   3. Stufe: Dekomplexierung.

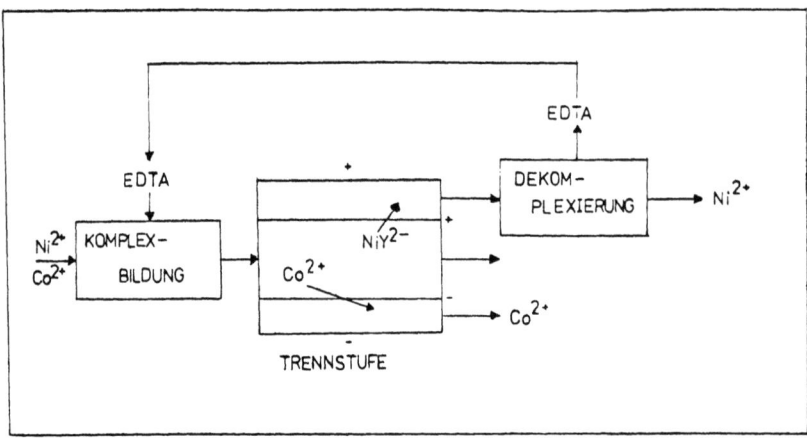

Abb. 2   Schematische Darstellung der Teilschritte bei einer
        Trennung von Schwermetallionen unter Einsatz von
        Komplexbildnern durch Elektrodialyse

Da in der vorliegenden Arbeit die Trennstufe (2.) ganz im
Mittelpunkt des Interesses stand, soll über die Komplexierung
bzw. Dekomplexierung an dieser Stelle nur soviel gesagt
werden, daß es im wesentlichen drei Aspekte sind, die geklärt werden müssen:
Es ist zu untersuchen, ob es für das aufzutrennende System
überhaupt einen geeigneten Komplexbildner gibt, der eine
ausreichend selektive Komplexierung gewährleistet. Das System
Kupfer/Nickel z.B. ließe sich mit EDTA nicht trennen, da
die Komplexstabilitätskonstanten fast gleich sind.

Ferner sind die chemischen Bedingungen, besonders die pH-Verhältnisse, zu prüfen, ob sie eine geeignet selektive Komplexierung zulassen. Am Beispiel Kobalt/Nickel stellten
LABBE et al. (1975) fest, daß unter den gewählten Konzentrationsverhältnissen eine geeignet selektive Komplexierung
nur in einem pH-Bereich zwischen 1 und 2 stattfinden würde;
unter pH 1 wäre die Komplexbildung unzureichend, oberhalb
pH 2 unselektiv.

Schließlich muß geklärt werden, ob die Komplexierungs- und Dekomplexierungsprozesse ausreichend schnell verlaufen. LABBE et al. (1975) hatten bereits Schwierigkeiten, Nickel-Edetat zu dekomplexieren, was ihnen nur in stark salpetersaurer Lösung und bei tieferer Temperatur gelang.

Das vordringliche Interesse der eigenen Untersuchungen galt aber nicht diesen Komplexierungs-/Dekomplexierungsprozessen, sondern der Elektrodialyse als der eigentlichen Trennstufe. Unter der mehr oder minder stark vereinfachenden, allerdings praktisch üblichen Annahme ideal permselektiver Membranen läßt sich der Trennvorgang ebenfalls weiter differenzieren:
2a. Transport der komplexierten Metallionenkomponente durch die Anionenaustauschermembran,
2b. Transport der nicht komplexierten Metallionenkomponente durch die Kationenaustauschermembran und
2c. Wechselwirkungseffekte zwischen den Transportvorgängen.

Beim letztgenannten Punkt (2c) ist insbesondere an vier Faktoren zu denken, durch die eine wechselseitige Beeinflussung möglich erscheint: infolge der Elektroneutralitätsbedingung, über den Coionenfluß, durch elektrophoretische und Relaxationseffekte.

Die Elektroneutralitätsbedingung besagt, daß die positiven und negativen Ionenflüsse einander gleich sein müssen, so daß sich keine meßbare Nettoladung in einer Kammer aufbauen kann. Auf das System Kobalt/Nickel angewandt:

$$2J_{NiY^{2-}} + J_{NO_3^-} = 2J_{Co^{2+}} + J_{H^+} \quad (4)$$

bedeutet dies, daß im Falle verschiedener Flüsse J_i (mmol/m² h) für das Nickel-Edetat bzw. die Kobaltionen

deren Differenz - abgesehen vom Coionenfluß unter realen
Bedingungen - durch die Nebenionen (Wasserstoff- bzw.
Nitrationen) ausgeglichen wird.

Was den Coionenfluß betrifft, so ist zu erwarten, daß er
bei geringen Konzentrationen der Außenlösungen und guter
Permselektivität der Membranen mehr oder weniger zu vernachlässigen ist.

Elektrophoretische und Relaxationseffekte (s. z.B. BOCKRIS u. REDDY, 1970) werden sich eher bei höheren Konzentrationen bemerkbar machen und dürften hier kaum von Bedeutung sein.

Aufgrund der angeführten Überlegungen wurden mögliche Wechselwirkungseffekte zwischen den Ionen als in diesem Zusammenhang vernachlässigbar angesehen. Die Lösungen wurden als
ideal verdünnt betrachtet, die Ionen als vollständig dissoziiert und die Aktivitätskoeffizienten mit 1,0 angenommen.
Die Konsequenz dieser Annahmen ist, daß die Ionentransportvorgänge näherungsweise als voneinander unabhängig betrachtet
und folglich auch getrennt untersucht werden können. Wenn
es im folgenden darum geht, bei er Untersuchung der Elektrodialyse als der Trennstufe die Einflüsse auf den Ionentransport zu studieren, so reicht es als praktikable Näherung
aus, den Ionenfluß nur einer Komponente in Abhängigkeit
verschiedener Parameter zu untersuchen. Somit kann die Zielsetzung der Arbeit bereits konkreter formuliert werden:
Gegenstand der Untersuchungen ist der Transport einer Referenzkomponente durch eine Ionenaustauschermembran einschließlich derjenigen Parameter, die ihn beeinflussen.
Das leitet über zur nächsten Frage, wodurch der Ionentransport im einzelnen beeinflußt wird.
HWANG u. KAMMERMEYER (1975) nennen folgende Parameter:
Herstellungsmethode und Struktur der Membran, Stabilität

gegenüber Vergiftungs- und Verstopfungseinflüssen, Lösungsmitteleinflüsse, Art und Menge der gelösten Stoffe, Betriebsbedingungen (Konzentrations-, Geschwindigkeits-, Potentialprofil, Temperatur, Konzentrationspolarisation).

2.2. ENTWURF DES MESSSYSTEMS

Die Konstruktion des Meßsystems stellt einen Kompromiß
dar: Einerseits sollte sie sich weitgehend an den Gegeben-
heiten der Praxis orientieren, andererseits machte die konkrete Zielsetzung der Untersuchungen gewisse Modifikationen
notwendig. So wurden vor allem diejenigen von HWANG u.
KAMMERMEYER (1975) genannten Parameter ausgewählt, die einen
wesentlichen Bezug zur Praxis haben: Da z.B. oft verdünnte
saure Metallsalzlösungen vorliegen, wurden Nebenioneneffekte
als wesentliche Einflußgrößen angesehen. Während im Rahmen
physikalisch-chemischer Untersuchungen die Bestimmung des
Spannungsabfalles über der Testmembran bevorzugt wird (MAS
et al., 1970; SPIEGLER, 1971), wurde hier die Zellspannung
als betriebstechnische Größe gewählt. Lösungsmitteleinflüsse
(wie dessen Viskosität oder Dielektrizitätskonstante) dagegen blieben unberücksichtigt, da ohnehin Wasser nahezu
ausschließlich das Lösungsmittel ist.

Als von der Praxis abweichend sind dabei folgende Aspekte
des Versuchsaufbaus zu bewerten: Während eine technisch
eingesetzte Elektrodialyse-Zelle zumeist ein Mehrkammer-
Aggregat ist, wurde die Zahl der Kammern hier auf ein Mini-
mum beschränkt. Ferner lassen es die geometrischen Abmessun-
gen einer Laboranlage nicht zu, den Prozeß kontinuierlich
zu betreiben, so daß ein Kreislaufbetrieb notwendig war
("Batch recirculation with mixing" nach MINTZ, 1963). Die
Abstandshalter enthielten keine Strömungshindernisse zur
Förderung von Turbulenzen, wodurch sich eine Erhöhung der
Grenzstromdichte erreichen läßt. Zur Ermittlung des Tempe-

ratureinflusses wurde im Gegensatz zur Praxis thermostatisiert. Anstelle des Stroms wurde das elektrische Feld als unabhängige Variable konstant vorgegeben.

Als wesentliche Parameter wurden untersucht:
1. Betriebsbedingungen
Sie werden in erster Linie festgelegt durch die Zellspannung (bzw. das elektrische Feld), die Anfangskonzentration und den Durchsatz. Die Zellspannung steht dabei in direkter Beziehung zur Triebkraft für den Ionentransport. Anfangskonzentration und Durchsatz legen das Stoffangebot fest. Die Betriebstemperatur ist von Bedeutung, da im Falle der freien Lösung ihre Zunahme zu einer Verminderung der Viskosität der Lösung führt, wodurch die Ionen beweglicher werden und sich der Ionenfluß somit vergrößert.

2. Nebenioneneffekte
Wegen der Unspezifität der elektrischen Triebkraft ist zu erwarten, daß Konzentration, Ladung und Beweglichkeit von Nebenionen Einfluß auf die Größe des Gegenionentransports haben werden.

3. Elektrochemische Eigenschaften der Gegenionen
Als einfacher Parameter zur elektrochemischen Charakterisierung der Referenzkomponente wurde die Ladungszahl gewählt.

4. Membranvergiftung
Schließlich ist es noch von Bedeutung zu ermitteln, in welchem Ausmaß Membranvergiftungsvorgänge im Laufe der Zeit den Ionentransport verringern.

Da Kupfer große Aufmerksamkeit bei der Metallrückgewinnung gefunden hat, wie die Behandlung von Rayon-Spüllösungen (MINDLER, 1956) oder von Galvanisierbädern (NISHIWAKI, 1972) zeigt, wurde es als Referenzkomponente gewählt.

Als Testmembran wurde die Anionenaustauschermembran eingesetzt, da unter praktischen Bedingungen die Konzentrationspolarisation bevorzugt an ihr auftritt (ROSENBERG u. TIRRELL, 1957). Die komplexierten anionischen Metallkomponenten neigen als größere Ionen im Vergleich zu den freien Metallionen eher zur Membranvergiftung (KÖRÖSY u. ZEIGERSON, 1968).

Somit wurde als Referenzkomponente das an einen Komplexbildner (zumeist EDTA) gebundene Kupferion ausgewählt.

Zur Variation der Ladung kamen neben EDTA verschiedene andere Komplexbildner infrage, s. Tabelle 1.

Die Untersuchung möglicher Wechselwirkungseffekte wurde am System Kupfer/Nickel vorgenommen. Als geeigneter Komplexbildner für dieses System erwies sich EGTA, da die Komplexstabilitätskonstanten für die beiden Komponenten ausreichend verschieden sind, wie die Tabelle 1 zeigt.

Das Meßsystem selbst (vgl. Abb. 3) entspricht einer von SPIEGLER (1971) angegebenen Anordnung. Auf die vom Autor für seine Zielsetzung benötigten Testelektroden wurde in diesem Zusammenhang verzichtet. Ferner wurden anstelle der Cellophanmembranen hier Kationenaustauschermembranen zur Abtrennung der Elektrodenräume eingesetzt. Die Elektrodialyse-Zelle bestand also aus vier Kammern: Anolyt (Kationenaustauschermembran)/Akzeptorkompartiment (Anionenaustauschermembran)/ Donatorkompartiment (Kationenaustauschermembran)/ Katholyt.

Das Donatorkompartiment wurde mit der die Metallkomponenten enthaltenden Lösung durchströmt, alle übrigen Kompartimente mit einem frei gewählten Elektrolyten (in diesem Fall: Salpetersäure). Die Wahl des Elektrolyten wurde unter dem Aspekt vorgenommen, daß die Konzentrationsänderungen der interessierenden Ionensorten im Akzeptorkompartiment möglichst einfach zu messen waren.

Tab. 1 pK-Werte* für verschiedene Metallionen und
Komplexbildner
(zusammengestellt nach PRIBIL, 1961 und
SCHWARZENBACH u. FLASCHKA, 1969)

	Cu^{2+}	Pb^{2+}	Zn^{2+}	Co^{2+}	Ni^{2+}	Cd^{2+}
HIDA	11.9	9.4	8.3	7.9	9.3	7.5
NTA	13.0	11.4	10.7	10.4	11.5	9.8
EDTA	18.8	18.0	16.5	16.3	18.6	16.5
DCTA	22.0	19.7	19.3	18.9	19.4	19.2
EGTA	17.8	14.8	12.9	12.3	13.6	17.8
DTPA	21.5	18.9	18.6	19.3	20.2	19.3

* $K = \dfrac{c_{MeY^{2-z}}}{(c_{Me^{2+}})(c_{Y^{z-}})}$, pK = lg K

Die Abkürzungen stehen für die Substanzen:

HIDA: N-(2-Hydroxyethyl)-iminodiessigsäure
$HOCH_2CH_2-N(-CH_2CO_2H)_2$

NTA: Nitrolotriessigsäure
$N(-CH_2CO_2H)_3$

EDTA: Ethylendiamintetraessigsäure
$(HO_2CCH_2-)_2N-CH_2CH_2-N(-CH_2CO_2H)_2$

EGTA: Ethylenglykol-bis(2-Aminoethylether)-tetraessigsäure
$(HO_2CCH_2-)_2N-CH_2CH_2OCH_2CH_2OCH_2CH_2-N(-CH_2CO_2H)_2$

DTPA: Diethylentriaminpentaessigsäure
$(HO_2CCH_2-)_2N-CH_2CH_2-N(-CH_2CO_2H)-CH_2CH_2-N(-CH_2CO_2H)_2$

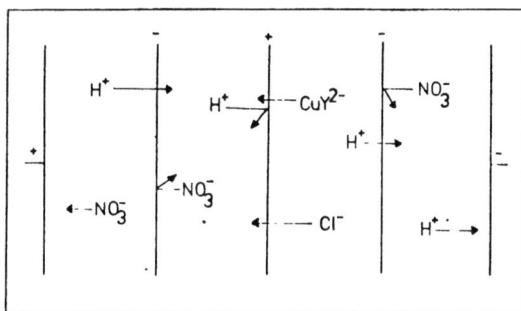

Abb. 3 Schema des Meßsystems

Die Aufgabe der Untersuchungen bestand folglich darin, die oben genannten Parameter für das beschriebene Meßsystem konstant vorzugeben und als Zielfunktion den Ionenfluß der Metallkomponenten durch die Anionenaustauschermembran zu bestimmen.

2.3. SPEZIFIZIERUNG DER MESSFUNKTIONEN

Für die Ermittlung des Ionenflusses als der zentralen Zielfunktion seien eine Reihe von Vereinfachungen und Näherungen aufgeführt, auf deren Grundlage eine Gleichung für diesen Fluß dargestellt werden kann.

1. Es wird angenommen, daß der ermittelte Ionenfluß quasistationär ist: Die auf die Zeit- und Flächeneinheit (Fläche A in cm^2) bezogene, aus dem Donatorkompartiment (Bezeichnung ') abtransportierte Ionenmenge (n_i) ist gleich der, die in die Membran gelangt, und diese entspricht der Menge, die aus der Membranphase ins Akzeptorkompartiment (Bezeichnung ") freigesetzt wird. Der Betrag des Flusses (J_i) läßt sich somit über die Abnahme der Ionenmenge des Donatorkompartiments experimentell bestimmen:

$$J_i = (1/A)\,(n'_o - n'(t))/t. \qquad (5)$$

2. Der Ionenfluß wird als unabhängig von der Art der zu Versuchsbeginn gegebenen Beladung der Membran angesehen.

3. Die Membranen werden als ideal permselektiv betrachtet. Eine praktisch wichtige Folgerung aus der Annahme besteht darin, daß aus Elektroneutralitätsgründen gilt:

$$2J_{CuY^{2-}} + J_{Cl^-} = J_{H^+} \;, \qquad (6)$$

so daß sich der Gesamtionentransport durch die Anionenaustauschermembran leicht über den Wasserstoffionenfluß ermitteln bzw. abschätzen läßt.

4. Ferner wird angenommen, daß die Ionenflüsse rein konduktiver Art seien, d.h. es werden diffusive und konvektive Einflüsse vernachlässigt. Außerdem soll kein Volumenfluß durch Osmose und Elektroosmose auftreten.

5. Das reale Potentialprofil wird über die Differenz zweier mittlerer Potentiale für das Donator- bzw. Akzeptorkompartiment angenähert. Diese Potentialdifferenz könnte mit Mikroelektroden in der Mitte der jeweiligen Kompartimente gemessen werden. (MAS et al., 1970; KITAMOTO u. TAKASHIMA, 1971).

6. Es wird angenommen, daß die Stromdichte stets unterhalb der Grenzstromdichte verbleibt und die Konzentrationspolarisation somit nur wenig ausgeprägt ist.

Zur Erläuterung des Flußkonzepts (vgl. BOCKRIS u. REDDY, 1970) diene die folgende Vorstellung:

In einer Lösung seien Ionen der Sorte i mit einer Driftgeschwindigkeit v_i (cm/s) gegeben, die eine gedachte Einheitsebene senkrecht zur Driftgeschwindigkeit passieren mögen. In einer Sekunde werden alle Ionen der Sorte i in einer Entfernung bis zu $s_i (=v_i \cdot t)$cm die Ebene überschreiten, d.h. die Zahl der Mole n_i, die in einer Sekunde eine Einheitsebene passieren, ist gleich dem Produkt aus der Ionenkonzentration c_i und der Driftgeschwindigkeit v_i:

$$J_i = c_i \cdot v_i \quad . \tag{7}$$

Analog gilt für den Fluß durch die Membran:

$$J_i^m = c_i^m \cdot v_i^m , \tag{8}$$

hierbei ist c_i^m die Konzentration der Gegenionen in der Membran, abhängig von deren Austauscherkapazität, der Konzentration der Außenlösungen, der Hydrodynamik und der elektrischen Feldstärke E (in V/cm).

Für die Driftgeschwindigkeit gilt:

$$v_i^m = z_i u_i^m E \tag{9}$$

mit z_i = Ladungszahl.

Was die Beweglichkeit der Gegenionen in der Membran, u_i^m (cm^2/V s), betrifft, so berichten LE ROUX MALHERBE u. MANDERSLOOT (1960) am Beispiel des Natriumchlorids, daß die Beweglichkeit des Natriumions in der freien Lösung etwa 25 mal größer ist als in der Membran. Es ist allerdings anzumerken, daß derartige Messungen bestenfalls Orientierungswerte liefern, da die Bestimmung der Ionenbeweglichkeiten in der Membran nicht unter Betriebsbedingungen durchgeführt, sondern indirekt über

$$u_i^m = \kappa^m T_i^m / (F c_i^m), \text{ mit } \kappa^m \text{ in } \Omega^{-1} \text{cm}^{-1} \text{ und } c_i^m \text{ in mol/cm}^3,$$

berechnet wurden.
In dieser Gleichung ist κ^m = spez. Leitfähigkeit der Membran (µ S/cm), T_i^m = Überführungszahl von i in der Membran (%) und F = Faraday-Konstante.

Das mittlere elektrische Feld E errechnet sich als Quotient aus der Differenz der mittleren Potentiale des Donator- bzw. Akzeptorkompartiments und dem Kammerabstand.

Somit lautet die Grundgleichung:

$$J_i = c_i^m \; z_i \; u_i^m \; E, \quad (10)$$

d.h. der Ionenfluß einer Spezies i vom Donator- ins Akzeptorkompartiment ist direkt proportional der Konzentration dieser Spezies in der Membran, ihrer Ladung und Beweglichkeit in der Membran sowie der mittleren Feldstärke.

In der Grundgleichung (10) sind die für den Ionentransport zentralen Parameter spezifiziert. In der vorliegenden Untersuchung ging es im wesentlichen darum, am vorgegebenen System den Einfluß dieser Parameter sowie ferner derjenigen zu ermitteln, die unter praktischen Bedingungen als besonders relevant erscheinen (wie z.B. Nebenioneneffekte u.a., s. 2.2.), um auf dieser Basis eine praxisorientierte Aussage zu geben.

Als spezielle Zielfunktionen wurden folgende gewählt:
Der Ionenfluß der Referenzkomponente $J_{CuY^{2-}}$,
der Wasserstoffionenfluß $J_{H^+} = 2J_{CuY^{2-}} + J_{Cl^-}$ als Schätzwert für den Gesamtionenfluß durch die Anionenaustauschermembran und schließlich die Selektivität

$$S_{CuY^{2-}} = 2J_{CuY^{2-}}/(2J_{CuY^{2-}} + J_{Cl^-})$$

bzw.

$$S_{CuY^{2-}} = 2J_{CuY^{2-}}/J_{H^+} \; .$$

Während die Selektivität üblicherweise über die Überführungszahl gegeben ist, wurde sie hier in er genannten Weise definiert, da sie so besser reproduzierbar ist.

3. VERSUCHSAUFBAU UND DURCHFÜHRUNG DER MESSUNGEN

3.1. VERSUCHSAUFBAU

Die Versuchsanlage setzt sich aus insgesamt fünf Einheiten zusammen:
1. der Elektrodialyse-Zelle,
2. dem elektrischen Kreis,
3. den vier Elektrolytkreisläufen,
4. der Thermostatisiervorrichtung und
5. der Meß- und Registrieranordnung.

zu 1. Die Elektrodialysezelle* bildet das Kernstück der Anlage. Sie besteht aus folgenden Komponenten: den beiden, jeweils in einen PVC-Zylinder (Abb. 4) eingelassenen Elektroden, zwei Kationenaustauschermembranen zur Abtrennung der Elektrodenräume, der Anionenaustauschermembran als eigentlicher Testmembran sowie den vier Plexiglasrahmen (s. Abb. 5), die als Abstandshalter Elektroden und Membranen jeweils voneinander trennen. Als Dichtungsmaterial wurden 0,5mm dicke Gummiplatten verwandt, die auf die Form der Plexiglasrahmen zugeschnitten wurden. Zur Verschraubung dienten vier Zugstangen.

*) Für die freundliche Überlassung der Konstruktionspläne zum Bau der Zelle sowie des benötigten Membranmaterials sei Herrn Dr. R. Krüger (Fa. Holstein & Kappert, Dortmund) gedankt.

Die Elektroden, sowohl die Kathode als auch die Anode, bestanden aus platiniertem Titanblech. Sie wurden als 3mm dicke, kreisrunde Scheiben mit einem Durchmesser von 100mm gefertigt (Spezialanfertigung der Fa. Heraeus, Hanau). Die Stärke der Platinierung war für Stromdichten bis etwa 20 mA/cm^2 ausgelegt und betrug 2.5 µ. Zur mechanischen Befestigung und zur Herstellung des elektrischen Kontakts waren drei 30mm

lange Schrauben angeschweißt. Die Elektroden wurden
jeweils in einen PVC-Zylinder als mechanischem Träger
eingesetzt.

Die PVC-Zylinder hatten eine Höhe von 30mm, einen
Durchmesser von 150mm und enthielten jeweils vier
Bohrungen für die Verschraubung. Die Abb. 4 zeigt
die Ansicht nach einem senkrechten Schnitt durch den
Zylinder, in dessen Zentrum eine den Maßen der Elektrode entsprechende Einsenkung erkennbar ist. Einer
der PVC-Zylinder enthielt zusätzlich noch die Durchflußbohrungen für die Elektrolytkreisläufe, und zwar
jeweils vier Bohrungen für den Zu- bzw. Ablauf, die
so angeordnet waren, daß sie denen der Abstandshalter
genau entsprachen (vgl. Abb. 5).

Als Abstandshalter dienten vier Rahmen aus Plexiglas,
die in der Form eines Ringes hergestellt wurden (Abb. 5),
Außendurchmesser 150, Innendurchmesser 100, Stärke
4mm). Zwei der insgesamt acht Durchflußbohrungen waren
mit jeweils fünf Kanälen (2 x 2mm) versehen und dienten der Versorgung der entsprechenden Kammer mit der
für sie bestimmten Elektrolytlösung. Die hydrodynamische
Isolierung der Kammern ließ sich dadurch erreichen,
daß die Rahmen, der Anordnung der Elektrolytkreisläufe
entsprechend, gegeneinander versetzt installiert wurden:
Wenn also der Zulauf des Katholyten z.B. durch die
linke Durchflußbohrung (Abb. 6) vorgegeben wurde, so
der des Donatorkompartiments durch die halblinke usw.

Eingesetzt wurden die heterogenen Membranen der
Fa. Rhône Poulenc mit folgenden Eigenschaften.

Dicke 400 - 500 μ ,
Permselektivität 75 - 85%,
Mechanische Stabilität 11 kg/cm^2,
Elektrischer Widerstand
6 - 8 Ω /cm^2 (Anionenaustauschermembran),
4 - 5 Ω /cm^2 (Kationenaustauschermembran).

Als für den Austausch wirksame Fläche ergaben sich der Geometrie der Zelle entsprechend 78.54 cm^2.

zu 2. Der elektrische Kreis (vgl. SPIEGLER, 1971) bestand aus einer Spannungsquelle (Philips Gleichspannungsspeisegerät PE 1527), die es ermöglichte, Spannungen zwischen 0 und 150 V bei Strömen bis zu 3 A konstant vorzugeben. Plus- und Minuspol wurden über Meßleitungen unmittelbar mit den Elektroden der Elektrodialyse-Zellen verbunden. Ein Voltmeter (Keithley Modell 179 DMM) wurde parallel geschaltet, um die Spannungen genau vorgeben zu können. (Genauigkeit: 1%). Ein Ampèremeter (Philips Digitalmultimeter PM 2522A) wurde in die Zuleitung zu einer der Elektroden geschaltet. Es gestattete die Messung von Strömen bis zu 2000 mA bei einer Genauigkeit von ca. 5%.

1) Bohrung für die mechanische Befestigung des Membranenstapels
2) Bohrung für die Befestigung der Elektrode und den elektrischen Anschluß
3) Einsenkung für die Elektrode
4) Durchflußbohrung

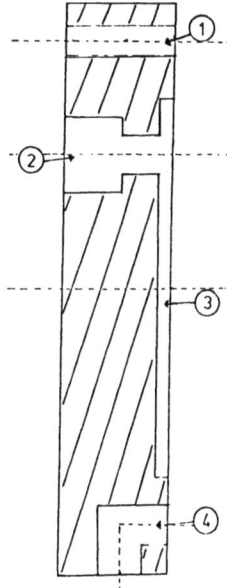

Abb. 4   PVC-Zylinder zur Halterung der Elektrode

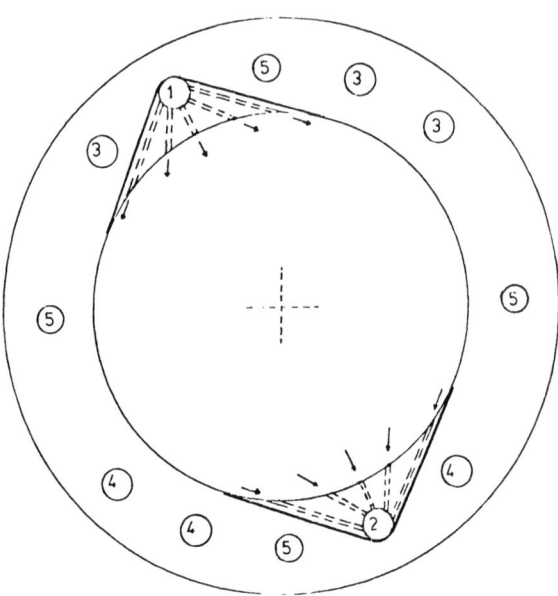

1) Bohrung mit fünf Kanälen für den Zulauf
2) Bohrung mit fünf Kanälen für den Ablauf
3) Durchflußbohrungen für die übrigen Kammern (Zulauf)
4) Durchflußbohrungen für die übrigen Kammern (Ablauf)
5) Bohrungen zur Befestigung und zum Zusammenschrauben des Membranenstapels

Abb. 5 Schema eines Abstandshalters aus Plexiglas

zu 3. Die Elektrolytkreisläufe bestanden jeweils aus einem Behälter oder Tank für die entsprechenden Lösungen, einer Rührvorrichtung, der Pumpe, einem Durchflußmesser mit Ventil und dem zugehörigen Schlauchmaterial (PVC) zur Verbindung der einzelnen Bauteile. Die Behälter wurden aus 1500 ml-Bechergläsern hergestellt, deren Abfluß durch ein an ihrem Boden angeschmolzenes Glasrohr gebildet war. Zur guten Durchmischung der Lösungen diente ein Magnetrührer (Ika Kombimag), dessen Drehzahl sich bis zu 1100 UpM einregeln ließ. Die Wahl der Pumpe erfolgte nach zwei Gesichtspunkten: 1. sollte sie frei von Korrosion und elektrisch nicht leitend sein, und 2. sollten eher größere Durchsätze bei relativ geringeren Strömungswiderständen erreicht werden (Druckabfall über der Zelle: ca. 0.2 bar). Diese Anforderungen erfüllte die aus Kunststoff (Polyamid) gefertigte Kreiselpumpe 1030 der Fa. Eheim mit einem maximalen Durchsatz von 22 l/min und einer maximalen Förderhöhe von 4 m Wassersäule. Die Pumpe war unmittelbar über ein Regelventil mit dem Durchflußmesser (Rota, Meßrohr Q 1.250) verbunden, mit dem sich Durchsätze bis maximal 40 l/min messen ließen. Mit Hilfe des Membranventils konnten für die vorgegebene Anordnung Durchsätze zwischen 0.5 und 2.5 l/min konstant mit einer Genauigkeit von ca. 5% eingestellt werden.

zu 4. Zur Thermostatisierung erhielten die Elektrolytbehälter Glasspiralen, die untereinander durch PVC-Schläuche verbunden waren. Sie wurden an einen Thermostaten (Haake, F-3K) angeschlossen und fungierten als einfache Wärmeaustauscher. Auf diese Weise war es möglich, die Temperatur (20°C) auf ± 1°C max. konstant zu halten.

zu 5. Als abhängige Variable mußten die Leitfähigkeit und der pH-Wert des Donatorkompartiments sowie der Gesamtstrom gemessen werden. Als Leitfähigkeitsmeßgerät wurde das Modell Digi 610 (Fa. WTW, Weilheim) mit dem Einschub LF 610 E und der entsprechenden Leitfähigkeitsmeßzelle verwandt. Die Genauigkeit der Messung lag bei etwa 1 - 2 %. Der pH-Wert wurde mit dem Standard-pH-Meter PHM 62 (Fa. Radiometer, Kopenhagen) und entsprechender Glaselektrode gemessen. Bei pH 2.5 lag die Meßgenauigkeit bei ± 0.2 pH-Einheiten.

Zur kontinuierlichen Registrierung der genannten Größen wurde ein Drei-Kanal-Flachschreiber (Linseis LS 33) eingesetzt. pH- bzw. LF-Meßgerät hatten jeweils meßwertproportionale Spannungs- bzw. Stromausgänge, die unmittelbar mit dem Schreiber verbunden werden konnten. Der Gesamtstrom wurde direkt über dem Innenwiderstand des Amperemeters abgegriffen und auf den Schreiber gegeben.

Die Abb. 6 zeigt die Gesamtanlage.

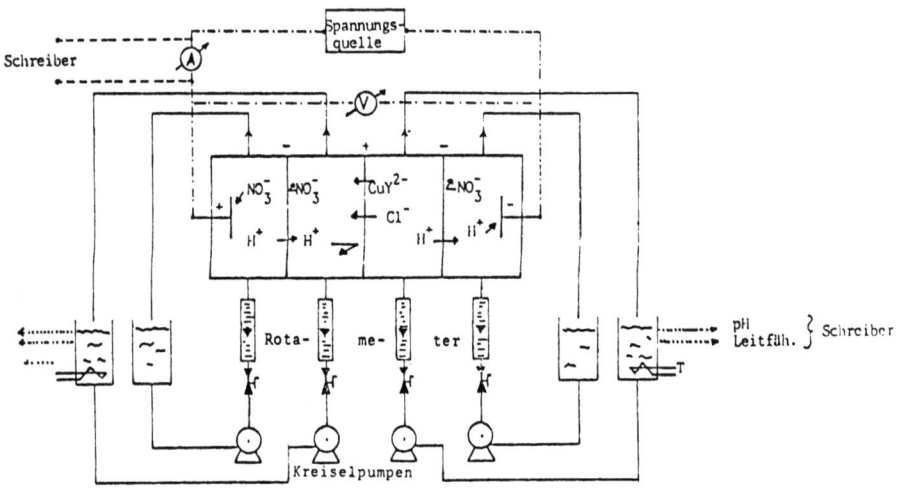

Abb. 6 Schema der Versuchsanlage

3.2. VERSUCHSDURCHFÜHRUNG

Aus Gründen der relativen Schwerlöslichkeit der Komplexbildner und ihrer geringen Lösungsgeschwindigkeit wurden die Versuchslösungen bereits 8 bis 12 Stunden vor Versuchsbeginn angesetzt. Unmittelbar vor Versuchsbeginn wurden die Kupfersalzlösungen in äquimolarer Konzentration hergestellt und mit der Komplexonlösung vereinigt, wobei sich nahezu augenblicklich der Metallionenkomplex bildete, erkennbar an der Farbveränderung der Lösung.

Die vorbereiteten Versuchslösungen wurden in den mit dem Donatorkompartiment verbundenen Vorratsbehälter eingefüllt, destilliertes Wasser dagegen in diejenigen des Akzeptorkom-

partiments und der Elektrodenräume. Anschließend wurden
Pumpen und Thermostat eingeschaltet. Nach etwa 15 Minuten
war das System luftblasenfrei und der Durchsatz erreichte
stationäre Werte, in allen Kammern war er gleich und konstant. Das Lösungsvolumen pro Kreislauf war mit 1700 ml
festgelegt. Nach Einschalten der Magnetrührer auf 200 UpM
und Plazieren der Meßfühler für Leitfähigkeits- und pH-Messung ins Donatorkompartiment wurde der pH-Wert in demselben durch Zusatz von Salzsäure auf pH 2.5 gebracht, in
den übrigen Kammern jeweils mit Salpetersäure auf pH 2.0.
Je nach Umgebungstemperatur war die Standardtemperatur von
20°C nach etwa 15 bis 30 Minuten erreicht. Das System war
somit meßbereit.

Zur Analyse der Metallionenkomponente (Kupfer-Komplexonat)
mittels Polarografie wurden vor Versuchsbeginn 2ml Probenlösung aus dem Donatorkompartiment entnommen. Diskontinuierlich wurden nach jeweils 10, 30 und 60 Minuten weitere Proben
aus dem Donatorkompartiment zur Analytik entnommen.

In Vorversuchen wurden folgende Standardbedingungen als
geeignet ermittelt:
Anfangskonzentration des Kupfer-Edetats 0.5 mmol/l,
Zellspannung 15 V, Durchsatz 21 ml/s, pH-Wert der salzsauren Lösung 2.5, Temperatur 20°C.

Als unmittelbare Meßdaten ergaben sich Konzentrations-,
pH- und Strom-Zeit-Kurven, die qualitativ alle die gleiche
Form einer Exponentialfunktion hatten.

Die Versuchsdauer betrug stets 60 Minuten. Die Festlegung
der Standardparameter erfolgte lediglich unter dem Aspekt
guter und reproduzierbarer Meßbarkeit, ansonsten willkürlich.

Aus den unmittelbaren Meßdaten, z.B. $c_i = f(t)_T$, errechnen sich dann die Versuchsergebnisse nach:

$$J_i(T_1) = (1/A) \times \frac{c'(t=0) - c'(t=60)}{60}. \qquad (11)$$

Für verschiedene Temperaturen $T_1, \ldots, T_5$ ergibt sich
$$J_i = f(T)_{t=60}.$$

3.3. ANALYTIK

Als geeignetes Verfahren zur Analyse der Schwermetallkomplexionen wurde die Polarografie eingesetzt (Polarecord E 506 mit Polarografierstand E 505, Firma Methrom). Das Gerät basiert auf der modernen Drei-Elektroden-Technik mit tropfender Quecksilberelektrode als Arbeitselektrode, einem Platinstift als Gegenelektrode sowie einer Silber-Silberchlorid-Bezugselektrode, die eine 1 molare, an Silberchlorid gesättigte Kaliumchloridlösung enthält.

Als für den gegebenen Zweck brauchbarste Methode wurde die Differentialpulspolarografie verwandt. Die Methode hat den Vorteil, daß als Stromreaktion statt der Stufen der klassischen Gleichstrompolarografie hier Peaks erhalten werden. Das Halbstufenpotential erscheint als Peakmaximum, die quantitative Analyse ist über die Peakhöhe möglich, was eine leichtere Auswertbarkeit bedingt.
In Anlehnung an PRIBIL (1961) wurde als brauchbarer Leitelektrolyt ein Puffer aus Essigsäure und Natriumacetat (je 0.5 molar) gewählt. Die entnommenen Proben der Versuchslösung (2ml) wurden mit 20ml Pufferlösung versetzt und in der Polarografiezelle 5 bis 10 Minuten mit reinem Stickstoffgas durchspült, um den gelösten Sauerstoff auszutreiben.

Die so vorbereitete Probenlösung wurde dann unter folgenden Bedingungen polarografiert:

Empfindlichkeit: 10^{-8} bis 10^{-9} x 0.1 A/mm,
Tropfzeit: 0.4 s,
Schreibergeschwindigkeit: 2.5 mm/s,
Spannungsrampe: -10 mV/s,
Pulsamplitude: -40 mV,
Spannungsscan: 0 bis -1.0 V (Kupfer-Edetat),
             -0.8 bis -1.8 V (Nickelionen).

Die Eichkurve (Abb. 7) zeigt, daß im gegebenen Konzentrationsbereich die Beziehung zwischen Peakhöhe und Konzentration linear und somit für die quantitative Analyse brauchbar ist. Die Genauigkeit der Analysen lag bei etwa 5%.

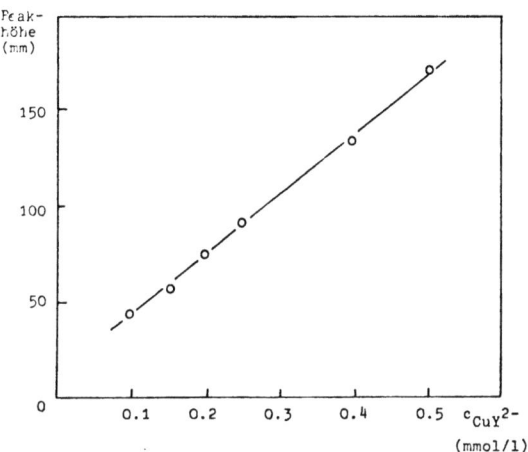

Abb. 7 Eichgerade: Peakhöhe als Funktion der Cu-EDTA-Konzentration

4. VERSUCHSERGEBNISSE

4.1. ÜBERPRÜFUNG DER VORAUSSETZUNGEN

Zur Überprüfung der Zulässigkeit der erwähnten Vereinfachungen und Vernachlässigungen wurden folgende Einflüsse untersucht:
1. Diffusion,
2. elektroosmotischer Wassertransport,
3. Coionenfluß,
4. Konzentrationspolarisation (Abschnitt 4.2.) und
5. Wechselwirkungseffekte.

1. Zur Bestimmung des Einflusses diffusiver Vorgänge wurden Versuche in einer Zweikammerzelle durchgeführt:
Eine der beiden Kammern enthielt 0.29 molare NaCl-Lösung, die andere destilliertes Wasser. Bei einem Kammervolumen von jeweils 1.5 l und einer Membranfläche von 78.54 cm^2

wurde nach 450 s im Wasserraum über die Leitfähigkeitsmessung ein Konzentrationsanstieg von 0.012 mmol/l für 20°C ermittelt.

Mit den genannten Versuchsdaten errechnet sich der sog. Dialysekoeffizient

$$U = (\Delta c/\Delta t) \, V/(A \cdot c) = 1.7 \times 10^{-6} \text{ cm/s}. \quad (12)$$

Für den spezifischen Fluß ergibt sich entsprechend

$$J_{spez} = U \cdot 1 \text{ mmol/cm}^3 = 1.7 \times 10^{-6} \text{ mmol/cm}^2 s \quad (13)$$

(vgl. WILSON et al., 1960: $J_{spez} \leq 2 \times 20^{-6}$ mmol/cm²s)

Unter praktischen Versuchsbedingungen ist die Konzentrationsdifferenz allerdings erheblich geringer als 1 mol/l, nämlich ca. 10 mmol/l. Damit läßt sich ein Diffusionsfluß von ungefähr 0.6 mmol/m²h abschätzen. Dies macht etwa 1% des gesamten Ionenflusses aus und liegt unterhalb der Meßgenauigkeit. Die Vernachlässigung der Diffusion ist somit praktisch gerechtfertigt.

2. Zur Elektroosmose wurden keine Versuche gemacht, da Daten aus der Literatur eine Abschätzung der Größenordnung ermöglichen: TRIVEDI u. PROBER (1972) ermittelten eine elektroosmostische Wasserüberführung von 12 mol H_2O/F für ein Membranenpaar. WILSON et al. (1960) berichten über eine Wasserüberführung für NaCl von 12 mol H_2O/mol NaCl, wobei sich die Zahl 12 aus den Hydratationszahlen für Na^+(8) und Cl^-(4) errechnet. Während der Elektrodialyseversuche floß eine Ladung von ca. 1000 As durch das Aggregat. Dies entspricht 0.01 F. Mit 0.01 F ist eine Wasserüberführung von 12 x 0.01 mol H_2O verbunden. Somit ist eine Volumenänderung von etwa 2 ml zu erwarten. Bei einem Gesamtvolumen von 1700 ml kommt also der elektroosmotischen Wasserüberführung keine Bedeutung zu.

3. Zur Untersuchung des Coionentransports wurden Versuche
in der üblichen Vierkammeranordnung durchgeführt. Als Elektrolyt des Donatorkompartiments wurde in diesem Fall nur 0.01 N Salzsäurelösung ohne Metallkomponente eingesetzt, das Akzeptorkompartiment enthielt wie üblich 0.01 N Salpetersäurelösung. Bei idealer Permselektivität der Membranen, d.h. verschwindendem Coionenfluß, führt die Elektrodialyse zu einer Abnahme der Chloridkonzentration im Donatorkompartiment und einer entsprechend gleichen Zunahme im Akzeptorkompartiment:

$$n''_{Cl^-} / n'_{Cl^-} = 1 \ . \tag{14}$$

Es zeigte sich, daß nach etwa 15 Minuten der Zustand quasistationär wird und der Quotient den Wert 1 (0,9 bis 1,1) erreicht. Quasi-Stationarität bedeutet in diesem Zusammenhang, daß die Stoffaufnahme und -abgabe der Membran einander gleich werden. In den ersten 15 Minuten findet zunächst eine Beladung bzw. Aufsättigung der Membranphase mit Chloridionen statt. Diese Sättigungskonzentration an Chloridionen ist eine Funktion der Austauscherkapazität, der Konzentration der Außenlösungen und der Stromdichte. Wenn also infolge mangelnder Permselektivität der Membranen die Chloridionen auch durch die Kationenaustauschermembran in wesentlichem Ausmaß wandern würden, so würde im quasi-stationären Zustand der Quotient der Ionenmengen unter 1.0 liegen. Die Meßgenauigkeit betrug ca. 10%
- Chlorid wurde argentometrisch bestimmt -, somit muß ggf. mit einem Coionenfluß dieser Größenordnung gerechnet werden und einer entsprechenden Beeinflussung der Selektivitätsfunktion. Dies unterstreicht, daß es sich bei der Selektivitätsfunktion nur um eine Näherung handeln kann.

4. Ion-Ion-Wechselwirkungen beeinflussen die Ionenbeweglichkeit. Die effektive Beweglichkeit u_i wird dadurch gegenüber dem Wert bei unendlicher Verdünnung vermindert:

$$u_i = u_i^o - \Delta u_{Rel} - \Delta u_{El} , \qquad (15)$$

Δu_{Rel}: Verminderung der Beweglichkeit durch Relaxationseffekte,

Δu_{El} : Verminderung der Beweglichkeit durch elektrophoretische Effekte.

Beide Effekte sind abhängig von der Entfernung zwischen den Ionen. Die Rechnung (vgl. KORTÜM, 1971) ergibt für gleiches Lösungsmittel und gleiche Temperatur:

$$\Delta u_{Rel} \sim z_i^2 \sqrt{I_c} , \qquad (16)$$

$$\Delta u_{El} \sim z_i \sqrt{I_c}, \text{ mit } I_c = 1/2 \sum_i c_i z_i^2 . \qquad (17)$$

Da die in den Versuchen eingesetzten Lösungen relativ verdünnt waren (Ionenstärken unter Standardbedingungen max. 3.7×10^{-3} mol/l), ist kein ausgeprägter Effekt zu erwarten. Die experimentelle Überprüfung wurde am System Kupfer/Nickel vorgenommen. Als Komplexbildner ist das EGTA geeignet (s. Tab. 1,). Es wurde der Nickeltransport in Abhängigkeit von verschiedenen Molenbrüchen

$$(x_{Ni} = c_{Ni^{2+}}^o/(c_{CuY^{2-}}^o + c_{Ni^{2+}}^o))$$

untersucht. Die Kupferionen- und die EGTA-Konzentrationen wurden jeweils konstant und isomolar mit 0.5 mmol/l vorgegeben, so daß bei jedem Versuch der Kupfer-EGTA-Komplex in dieser Konzentration vorlag. Der pH-Wert wurde ebenfalls konstant auf 2.5 eingestellt. Da die Anfangskonzentration für Nickel variabel war, wurde anstelle des Ionenflusses in diesem Fall der Umsatz

$$U_{Ni} = (c_{Ni^{2+}}^o - c_{Ni^{2+}}(t))/ c_{Ni^{2+}}^o)$$

als Ordinate aufgetragen.

Das Ergebnis läßt erkennen, daß im Rahmen der Meßgenauigkeit (5%) im untersuchten Bereich kein Effekt gegeben ist.

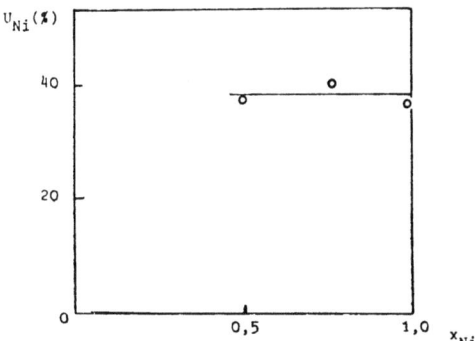

Abb. 8 Nickel-Umsatz als Funktion des Molenbruchs

4.2. EINFLUSS DER BETRIEBSBEDINGUNGEN

1. Der Durchsatz ist ein Parameter, der die Hydrodynamik wesentlich bestimmt. Er ist direkt proportional der linearen Strömungsgeschwindigkeit, die ihrerseits umgekehrt proportional der Grenzschichtdicke ist. Zur Unterscheidung laminarer und turbulenter Strömung wird allgemein die REYNOLDS-Zahl verwandt:

$$Re = v\, d_h/\nu . \qquad (18)$$

Mit der Strömungsgeschwindigkeit $v = \dfrac{21 cm^3/s}{4 cm^2} = 5{,}25 cm/s$ für die maximale Querschnittsfläche, dem hydraulischen Durchmesser d_h = 4 x Fläche/Umfang = 4 x 4/20,8 = 0.769 cm und der kinematischen Zähigkeit des Wassers bei 25°C von ν = $0.00895 cm^2 s$ ergibt sich:

$$Re = 451 ,$$

so daß die Strömung unter Standardbedingungen im laminaren Bereich verblieb.

Über die REYNOLDS-Zahl läßt sich auch die Grenzschichtdicke nach der COLBURN-Beziehung (s. COWAN u. BROWN, 1959) abschätzen:

$$d_h/\delta = 0.22 \, Re^{0.8} \, . \qquad (19)$$

Einsetzen der genannten Daten liefert: $\delta \cong 0.026$ cm.

Der Einfluß des Durchsatzes Φ auf die Grenzstromdichte wird häufig in der Form $(i/c')_{lim} = a \cdot \Phi^b$ angegeben (a = 16500, b = 0.6 z.B., EISENMANN u. LEITZ, 1971). Diese Gleichung macht deutlich, daß ein hoher Durchsatz die Grenzstromdichte bei gegebener Konzentration des Donatorkompartiments zu höheren Werten verschiebt.

Nach KORNGOLD et al. (1970) vermindern hohe Durchsätze Fouling-Prozesse. Schließlich ist der Durchsatz von Belang, weil er den Molstrom ($\dot{n} = c\Phi$) in die Zelle festlegt.

Bei der Durchführung der Versuche wurden aus den genannten Gründen höhere Durchsätze (als in den Versuchen von LABBE et al., 1975) gewählt, und zwar Werte zwischen 10 und 40 ml/s. Den Einfluß des Durchsatzes auf den Transport des Kupfer-Edetats zeigt Abb. 9, auf den Wasserstoffionenfluß als Maß für den Gesamtionenfluß durch die Anionenaustauschermembran die Abb. 10.

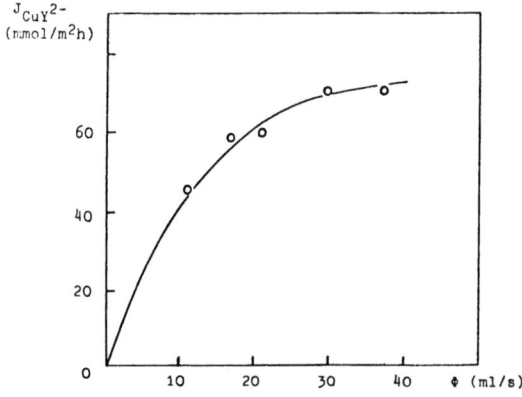

Abb. 9 Kupfer-Edetat-Transport als Funktion des Durchsatzes

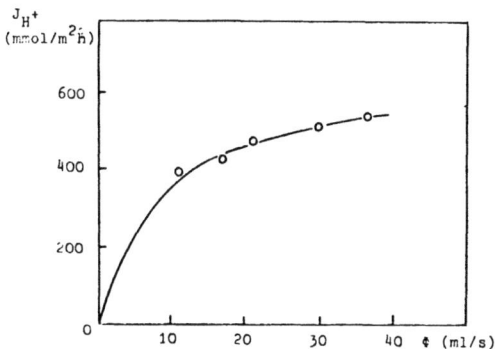

Abb. 10 Wasserstoffionentransport als Funktion des Durchsatzes

Beide Funktionen entsprechen einander. Sie gehen durch den Ursprung und erreichen bei Erhöhung des Durchsatzes einen Sättigungswert.
Zur Erklärung der Befunde ist zu bedenken, daß der Durchsatz zweierlei Aspekte in diesem Zusammenhang aufweist. Einerseits erhöht er bei gleicher Konzentration den Molstrom und damit das Stoffangebot, andererseits erhöht er die Strömungsgeschwindigkeit und damit die Tendenz, Ionen auszuschwemmen, bevor sie überhaupt zur Membran gelangen. So kann der experimentelle Befund als Überlagerung beider Tendenzen aufgefaßt werden. Bei geringem Durchsatz überwiegt der erstgenannte Aspekt, bei höheren Durchsätzen der zweite.

2. Als weiterer Parameter, der das Stoffangebot ($\dot{n}_{CuY^{2-}}$) wesentlich bestimmt, ist die Konzentration zu nennen. Der im vorigen genannte Polarisationsparamter $(i/c')_{lim}$ wird entscheidend durch die Konzentration des Donatorkompartiments in der Weise festgelegt, daß hohe Konzentrationen die Grenzstromdichte zu höheren Werten verschieben und auch Fouling-Prozesse vermindert werden (KORNGOLD et al., 1970). Als betriebstechnischer Parameter wurde die Anfangskonzentration

des Kupfer-Edetats ($c^o_{CuY^{2-}}$) gewählt. Die Lösungen wurden
so hergestellt, daß das Cl^-/CuY^{2-}-Verhältnis und somit der
Äquivalentenbruch etwa konstant waren. Die Anfangskonzentration wurde zwischen 0.5 und 2.0 mmol/l variiert, wobei
die obere Grenze durch die relative Schwerlöslichkeit des
Komplexbildners bedingt war. Abb. 11 zeigt das Ergebnis
für den Kupfer-Edetat-Transport.

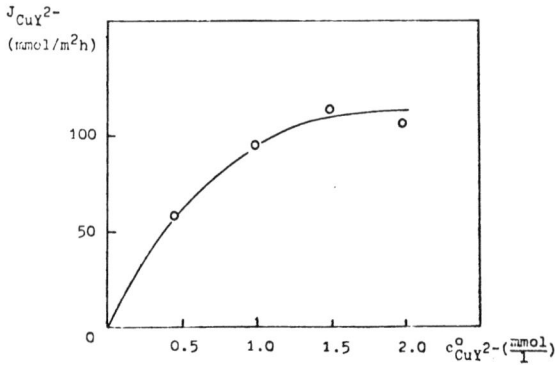

Abb. 11   Kupfer-Edetat-Transport als Funktion der
Anfangskonzentration

Die Funktion geht durch den Ursprung und strebt mit zunehmender Anfangskonzentration einem Sättigungswert zu.

Die Selektivität des Kupfer-Edetat-Transports (Abb. 12)
zeigt eine Abnahme mit steigenden Anfangskonzentrationen.
Zur Erklärung dieses Befundes sind zunächst vier Aspekte
zu berücksichtigen, die auf die Wanderung der Ionen zur
Membran einen Einfluß haben: die BROWNsche Molekularbewegung,
das elektrische Feld, das einen Netto-Geschwindigkeitsvektor
definiert, die Tatsache, daß die auf ein Ion wirkende elektrische Kraft dessen Ladung proportional ist und schließlich
die Tatsache, daß die Chloridionen relativ (d.h. bezogen
auf die Ladungseinheit) beweglicher sind als die größeren

Kupfer-Edetat-Ionen. Angewandt auf den vorliegenden Fall:
Bei höherer Konzentration ist die Teilchendichte entsprechend
größer, so daß sich die Ionen zunehmend gegenseitig bei
ihrer Wanderung zur Membran behindern, wodurch dann die
relativ beweglicheren Chloridionen begünstigt werden.
(Anmerkung: Eine höhere Konzentration könnte einen stärkeren Coinonenfluß provozieren und mithin eine Verminderung
der Selektivität verursachen.)

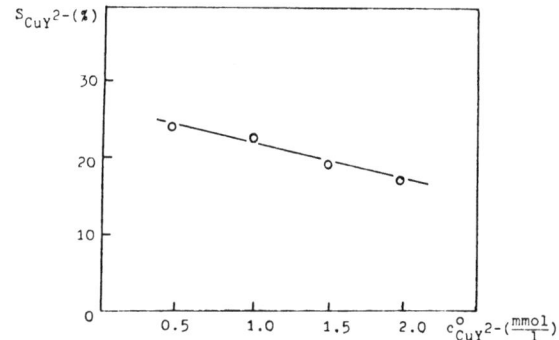

Abb. 12 Selektivität des Kupfer-Edetat-Transports als
Funktion der Anfangskonzentration

3. Das elektrische Feld E_o bzw. die Zellspannung $\Delta \psi_o$ ist
ein Parameter, der die Triebkraft für den Ionentransport bestimmt. Nach SHAFFER u. MINTZ (1966) besteht die gesamte
äußere Spannung ($\Delta \psi_o$), um eine Elektrodialyse zu betreiben,
aus der Summe des Spannungsabfalles dreier hauptsächlicher
Widerstände. Diese sind verbunden mit:
a) den Elektroden und den Lösungen der Elektrodenräume (Es
gehören dazu: Elektrodenpotential, Elektrodenüberspannung
und OHMscher Spannungsabfall in den Lösungen der Elektrodenräume),
b) dem jeweiligen OHMschen Spannungsabfall in den Lösungen
und Membranen und schließlich
c) den Konzentrationspotentialen der Membranen und Membran-Lösungs-Grenzflächen.

E_o hat wesentlichen Einfluß auf die Konzentrationspolarisation. Diese würde primär im Bereich der Anionenaustauschermembran auftreten (ROSENBERG u. TIRRELL, 1957), da die relativen Beweglichkeiten der Chlorid- bzw. Kupfer-Edetat-Ionen erheblich geringer sind als für Wasserstoffionen. Die Wasserspaltung wäre also im Donatorkompartiment an der Anionenaustauschermembran zu erwarten. Die dabei gebildeten Hydroxylionen würden in zunehmendem Maße transportiert mit der Folge einer Verminderung der Selektivität. Die freigesetzten Wasserstoffionen dagegen würden ins Phaseninnere des Donatorkompartiments gelangen, was an einem geringeren Netto-Wasserstoffionenfluß erkennbar wäre.

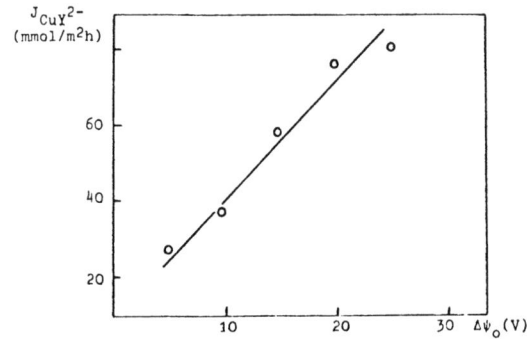

Abb. 13 Kupfer-Edetat-Transport als Funktion der Zellspannung.

Die Variation der Zellspannung wurde nach oben dadurch begrenzt, das der resultierende Strom aus apparativen Gründen einen Wert von 1500 mA nicht übersteigen sollte. Im Rahmen der Meßgenauigkeit ergaben sich lineare Zusammenhänge sowohl für den Metall-Komplex- (Abb. 13) als auch für den Wasserstoffionentransport (Abb. 14). Die Funktion geht prinzipiell nicht durch den Ursprung, da die Diffusion einen endlichen Wert annimmt. Es ist insbesondere darauf zu achten, daß das im Falle der Überschreitung der Grenzstromdichte zu erwartende "Abknicken" der linearen Funktion bei vorgegebener Meßgenauigkeit nicht festzustellen ist.

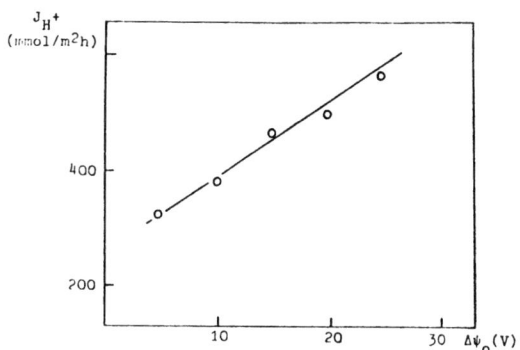

Abb. 14 Wasserstoffionentransport als Funktion der Zellspannung

Der lineare Zusammenhang entspricht im übrigen dem, was nach der Grundgleichung, $J_i = z_i c_i^m u_i^m E$, zu erwarten wäre. (Es bleibt jedoch darauf hinzuweisen, daß der experimentelle Befund sich auf die Zellspannung bezieht und nicht auf das über der Membran wirksame Feld der Grundgleichung. Es ist andererseits aber anzunehmen - nicht zuletzt des experimentellen Befundes wegen - daß die beiden Größen einander proportional sind.)

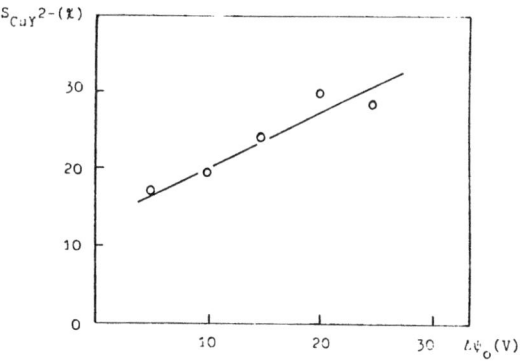

Abb. 15 Selektivität des Kupfer-Edetat-Transports als Funktion der Zellspannung

Die Selektivität zeigt mit steigender Zellspannung eine deutliche Zunahme (Abb. 15).
Dies könnte folgendermaßen erklärt werden: Die Driftgeschwindigkeit der Ionen v_i ist abhängig von deren Ladung und einem Reibungsfaktor f_R:

$$v_i = \frac{z_i e_o E}{f_R}, \quad f_R = 6 \pi \eta r_i . \qquad (20)$$

Unter der Annahme, daß im untersuchten Bereich der Reibungsfaktor unabhängig von der Feldstärke ist, wäre es denkbar, daß sich der Ladungseinfluß (CuY^{2-} gegenüber Cl^{1-}) gegenüber der bremsenden Wirkung der angenähert konstanten Reibungskräfte zunehmend durchsetzen wird.

4. Die Temperatur wird bei der Anwendung der Elektrodialyse üblicherweise nicht kontrolliert. In der freien Lösung hat die Temperatur einen begünstigenden Effekt auf den Ionentransport, da sie die Ionenleitfähigkeit bzw. Beweglichkeit erhöht. Der Effekt soll mehr oder minder unspezifisch alle Ionen betreffen. Der Temperaturkoeffizient entspricht mit etwa 2%/grd dem der Viskosität (vgl. DANIELS u. ALBERTY, 1966).

Bei der Untersuchung des Temperatureinflusses auf den Elektrodialyse-Prozeß (vgl. BEJERANO et al., 1967; FORGACS et al., 1968) ergaben sich folgende Befunde: Bei steigender Temperatur
- bleibt die Permselektivität weitgehend unverändert,
- nimmt der Widerstand der Membranen unterhalb 70°C stärker ab als in der freien Lösung,
- steigt der Wasserfluß etwas an,
- wird die Rückdiffusion erleichtert.

Ab 90°C verschlechtern sich wesentlich die Membraneigenschaften, da eine Desintegration der Membranmatrix einsetzt.

Interessant sind derartige Untersuchungen insofern, da bei
einer Erhöhung der Betriebstemperatur von 30 auf 70°C Ener-
gieeinsparungen um 60 - 70% erzielt werden können.

Bei den Versuchen wurde die Temperatur zwischen 14 und 26°C
variiert. Die Ergebnisse für den H-Ionentransport sind in
Abb. 16 dargestellt. Erwartungsgemäß findet sich mit zunehmender Temperatur ein Anstieg des Ionenflusses.

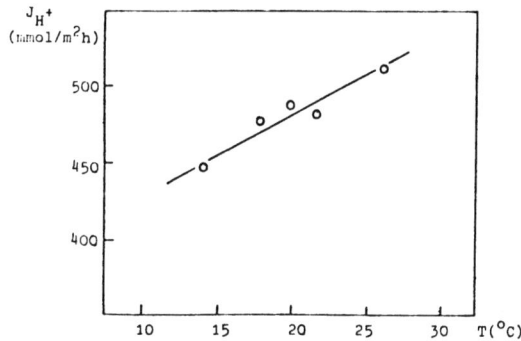

Abb. 16   Wasserstoffionentransport als Funktion der
          Betriebstemperatur

4.3. NEBENIONENEFFEKTE

Als Nebenionen sind alle Gegenionen aufzufassen, deren Transport im Rahmen eines gegebenen Problems primär nicht interessiert bzw. sogar unerwünscht ist. Im vorliegenden Fall,
bei dem die Kupfer-Edetat-Ionen (Gegenionen im engeren Sinn)
in salzsaurer Lösung vorgegeben waren, sind die Chloridionen
entsprechend die Nebenionen. Da das elektrische Feld eine
unspezifische Triebkraft ist, wie oben bereits betont, wird
der Gesamtionentransport durch die Membran sowohl von den
Gegenionen (i.e.S.) als auch von den Nebenionen getragen
werden. TRIVEDI u. PROBER (1972) sprechen in diesem Zusammen-

hang von einem Wettbewerb (competition) zwischen den Ionensorten. Nebenionen haben unerwünschte Wirkungen, da der von ihnen getragene Stromanteil ineffektiv ist und Überführungszahl, Wirkungsgrad, Energiebedarf sowie Selektivität beeinträchtigt werden.

Zwei Eigenschaften der Nebenionen sind von Bedeutung: Ihre Konzentration und ihre elektrochemischen Eigenschaften (Ladung, Beweglichkeit), jeweils relativ zu denen der Gegenionen (i.e.S.).

Zur Untersuchung von Konzentrationseinflüssen wurde bei konstanter Kupfer-EDTA-Konzentration (0.5 mmol/l) der pH-Wert der Versuchslösung mit Salzsäure vor Beginn der Elektrodialyse stufenweise von Versuch zu Versuch von 2.6 auf 2.0 eingestellt. Als Maß für die Relativkonzentration der Gegenionen (i.e.S.) wurde der Äquivalentenbruch eingeführt:

$$x^o_{CuY^{2-}} = \frac{2c^o_{CuY^{2-}}}{2c^o_{CuY^{2-}} + c^o_{Cl^-}} \approx \frac{2c^o_{CuY^{2-}}}{c^o_{H^+}} \quad . \quad (21)$$

Für die genannten pH-Werte errechnen sich Äquivalentenbrüche zwischen 0.1 und 0.4 (bzw. 10 und 40 val%). Das Ergebnis zeigt folgende Abbildung.

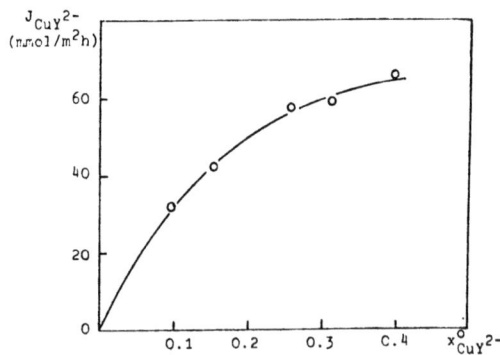

Abb. 17 Kupfer-Edetat-Transport als Funktion des Äquivalentenbruches

Die Funktion verläuft durch den Ursprung und strebt einem
Maximalwert zu. Dieser Befund entspricht den Erwartungen:

Im Sinne des Wettbewerbs wird bei zunehmendem Angebot an
Nebenionen relativ zu dem der Gegenionen (i.e.S.) der Gesamtionentransport immer stärker durch die erstgenannten
getragen. Besonders augenfällig ist dies bei der Darstellung der Selektivität (Abb. 18).

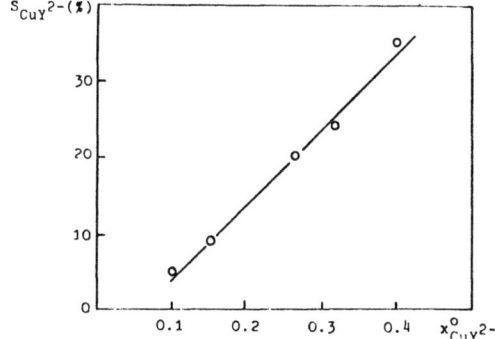

Abb. 18 Selektivität des Kupfer-Edetat-Transports als
Funktion des Äquivalentenbruches

Als zweiter Aspekt möglicher Nebenioneneffekte wurde der
Einfluß unterschiedlicher Beweglichkeiten untersucht. Die
Bedeutung dieses Parameters ist darin zu sehen, daß bei
konstanter Beweglichkeit der Gegenionen (i.e.S.) der Transport derselben bei zunehmend geringeren Nebenionenbeweg-
lichkeiten ansteigen sollte.

Zur experimentellen Untersuchung wurden verschiedene Kup-
fersalze und die korrespondierenden Säuren zur Herstellung
der Versuchslösungen verwandt (also z.B. Kupfernitrat und
Salpetersäure). Die Versuchslösungen wurden jeweils auf

pH 2.5 eingestellt. Zum Einsatz kamen neben Salzsäure noch Salpeter-, Schwefel- und Essigsäure. In quantitativer Hinsicht können allerdings nur die beiden erstgenannten als vergleichbar angesehen werden. Im Falle der Schwefelsäure ist die molare Konzentration infolge der höheren Ladung geringer. Was die Essigsäure betrifft, so ist von vornherein ein Einfluß aufgrund ihrer Puffereigenschaften zu erwarten.

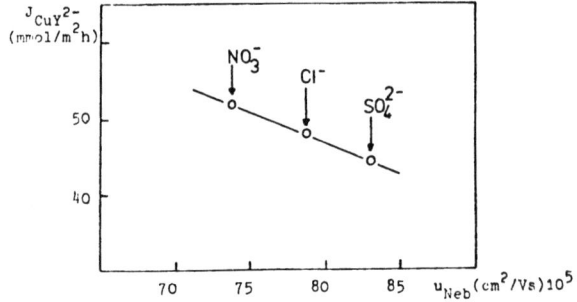

Abb. 19 Kupfer-Edetat-Transport als Funktion der Nebenionenbeweglichkeit

In Abb. 19 ist der Wert für das Acetation nicht eingetragen. Er liegt bei 21.9 mmol/m²h. Die Puffereigenschaften machen sich also so stark geltend, daß das Acetat als Nebenion sinnvollerweise nicht einzusetzen ist.
Das Ergebnis bestätigt die Erwartungen: Wenn statt des beweglicheren Chloridions das Nitration eingesetzt wird, nimmt der Ionentransport des Kupfer-Edetat zu. Entsprechend gilt für die Selektivität: $S_{CuY^{2-}}$ = 20.7% für das Chlorid als Nebenion, 23.5% für das Nitrat.

4.4. EINFLUSS DER KOMPLEXLADUNG

Wie bereits erwähnt, ist es je nach der Differenz der Komplexstabilitätskonstanten sinnvoll, verschiedene Komplexbildner zu verwenden. Was den Ionentransport der Metallkomplexe betrifft, sind zwei Aspekte von Bedeutung: Einerseits ist die Ladung je nach Art des eingesetzten Komplexbildners sowie der Wertigkeit des fraglichen Metallions verschieden. Bei größerer Ladung ist die auf das Ion einwirkende Kraft entsprechend größer. Andererseits geht jedoch mit zunehmender Ladung eine Vergrößerung des Ionenradius' einher:

Elektrische Kraft = Reibungskraft,

$$z_i e_o E = 6 \pi \eta r_i v_i , \quad (22)$$

$$u_i = e_o / 6 \pi \eta r_i , \quad (23)$$

d.h. mit zunehmendem Radius r_i sinkt die relative Beweglichkeit u_i.

Dieser allgemeine und in freier Lösung gegebene Zusammenhang dürfte noch ausgeprägter sein, wenn es sich um den Transport der Metallkomplexe durch die Poren der Membran handelt (sterische Effekte). Eine Abschätzung der Beweglichkeiten der Metallkomplexe in freier Lösung ist über folgende Beziehung möglich:

$$\kappa = \sum_i z_i F c_i u_i . \quad (24)$$

Nach der Bruttogleichung zur Herstellung der Lösungen

$$H_4Y + CuCl_2 = CuY^{2-} + 2H^+ + 2H^+ + 2Cl^- , \quad (25)$$

setzt sich die Gesamtleitfähigkeit κ aus drei Anteilen zusammen: Ionenleitfähigkeit der CuY^{2-}- (bzw. CuY^{z-})Ionen,

$$\kappa = \kappa_{CuY^{2-}} + 2\kappa_{H^+} + \kappa(2HCl) \qquad (26)$$

$$\kappa = z_{CuY^{2-}} \cdot F \cdot c_{CuY^{2-}} \cdot u_{CuY^{2-}} + z_{H^+} \cdot F \cdot c_{H^+} \cdot u_{H^+} + \kappa(2HCl). \qquad (27)$$

Über die Elektroneutralitätsbedingung

$$z_{CuY^{2-}} \cdot c_{CuY^{2-}} = z_{H^+} \cdot c_{H^+} \qquad (28)$$

ergibt sich für die relative Beweglichkeit:

$$u_{CuY^{2-}} = \left(\frac{\kappa - \kappa(2HCl)}{z_{H^+} \cdot c_{H^+} \cdot F} - u_{H^+} \right) \cdot 1/z_{CuY^{2-}}, \qquad (29)$$

Setzt man einen Literatur-Wert für u_{H^+} ein (363 x 10^{-5} cm²/Vs nach DANIELS u. ALBERTY, 1966), so lassen sich die Beweglichkeiten der Metallkomplexe abschätzen:

Tab. 3 Beweglichkeiten und STOKESsche Radien für verschiedene Kupferionenkomplexe (relativ zu Chlorid)

Anion	Beweglichkeit	STOKESscher Radius
Cl^-	1.00	1.0
(CuHiDA°	0.00	/)
$CuNTA^-$	0.62	1.6
$CuEDTA^{2-}$	0.34	2.9
$CuDTPA^{3-}$	0.26	3.8

Zur Herstellung der Lösungen wurden verschiedene Komplexbildner (s. Tab. 3) ausgewählt. Auf diese Weise konnte die Komplexladung zwischen 0 und -3 variiert werden. Die Versuchsbedingungen wurden in diesem Fall etwas abgewandelt (zum Zweck besserer Meßbarkeit), indem die Anfangskonzentration auf 1.0 mmol/l, die Zellspannung auf 20 V erhöht und der pH-Wert so belassen wurde, wie er sich nach Herstellen der Lösung einstellte (d.h. kein Säurezusatz). Es fiel auf, daß der sich einstellende pH-Wert hinter dem theoretisch zu erwartenden Wert zurückblieb, was möglicherweise auf Protonierungen der Komplexe zurückzuführen ist. Als Ladungszahl z wurde der theoretische Wert angenommen, demnach sollte z hier besser als formale Ladungszahl bezeichnet werden. Das Ergebnis zeigt Abb. 20.

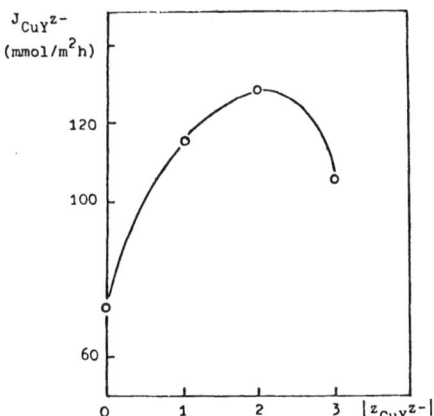

Abb. 20 Kupfer-Komplexonat-Transport als Funktion der Komplexladung

Im Sinne obiger Anmerkungen ist das Ergebnis verständlich: Die beiden Tendenzen,

1. größere Ladung → größerer Fluß ($J_i = z_i c_i^m u_i^m E$),

2. größere Ladung → geringere relative Beweglichkeit,

mögen sich überlagern.

Interessant ist noch, daß der Ionenfluß für CuHIDA wesentlich größer ist, als man es für eine ungeladene Spezies erwarten sollte. Die Ursache mag darin zu sehen sein, daß die alkoholischen Hydroxyl-Gruppen teilweise dissoziiert sind, die geladenen Teilchen abwandern und sich das Gleichgewicht stets erneut einstellt.

4.5. EINFLUSS DER MEMBRANVERGIFTUNG

Die Membranvergiftung wird insbesondere durch Gegenionen höherer Ladung verursacht. Diese gelangen ins Innere der Membran und können dort eine Reihe von Veränderungen hervorrufen (KERTESZ et al., 1967; KÖRÖSY u. ZEIGERSON, 1968):

1. Durch Assoziation von Gegenionen höherer Wertigkeit relativ zu der der Fixionen (der Bindungsstellen) kommt es zu deren Überneutralisierung und Vorzeichenumkehr mit der Folge verringerter Permselektivität.
2. Gegenionen höherer Wertigkeit können zwei Bindungsstellen gleichzeitig neutralisieren. Die elektrostatischen Querverbindungen verengen die Poren, wodurch der Widerstand zunimmt.
3. Infolge der Assoziation des Gegenions mit der Bindungsstelle wird die freie Ladung neutralisiert. Der resultierende Dipol ist weniger hydratisiert, woraus eine Entquellung resultiert.

Es ist zu erwarten, daß die Membranvergiftung den Ionentransport und die Selektivität beeinträchtigen wird.

Während eine differenzierte Analyse der Membranvergiftung es erforderlich machen würde, die Änderung der verschiedenen Membranparameter an der Einzelmembran in Abhängigkeit von der Zeit zu bestimmen, war es im Rahmen der Arbeit lediglich möglich, das Ausmaß der Veränderungen der Membran abzuschätzen, indem der Ionentransport unter Standardbedingungen im Laufe der Versuchsreihen wiederholt bestimmt wurde. Die Ergebnisse entsprechen den Erwartungen
(s. Abb. 21/22).

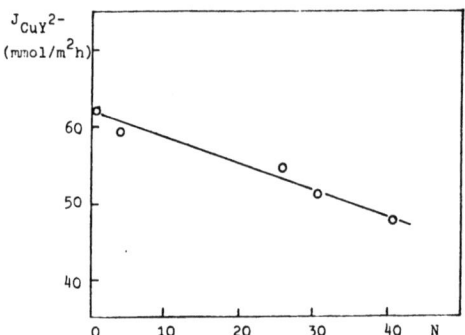

Abb. 21 Kupfer-Edetat-Transport als Funktion der Versuchsnummer

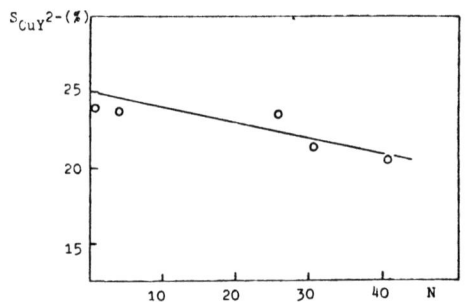

Abb. 22 Selektivität des Kupfer-Edetat-Transports als Funktion der Versuchsnummer

5. ZUSAMMENFASSUNG UND SCHLUSSFOLGERUNGEN

1. Die Zielsetzung der Untersuchungen bestand darin, die Voraussetzungen und Bedingungen zu spezifizieren, unter denen die Elektrodialyse als Verfahren der Schwermetallionenseparation unter Einsatz von Komplexbildnern praktisch eingesetzt werden kann.

Es wurde dazu ein Meßsystem entworfen, mittels dessen der Einfluß relevanter Parameter auf insbesondere zwei Zielfunktionen bestimmt werden konnte. Diese Zielfunktionen

waren einerseits der Transport der interessierenden Ionenspezies durch die Membran (Gegenionentransport i.e.S.) als Absolutgröße, andererseits dessen Selektivität (d.h. des Verhältnisses des Gegenionentransports (i.e.S.) zum Nebenionentransport) als Relativgröße. Als relevante Einflußgrößen wurden folgende acht Parameter nach der Ein-Faktor-Methode (Variation jeweils eines Parameters unter Konstanthalten aller übrigen) untersucht:
Gegenionenanfangskonzentration, Zellspannung, Durchsatz, Temperatur, Nebenionenkonzentration und -beweglichkeit, Komplexladung und Membranvergiftung.

2. Die Experimente erbrachten folgende Ergebnisse:

a. Die Betriebsbedingungen legen den Ionentransport primär fest. Konzentration und Durchsatz bestimmen das Ionenangebot, das elektrische Feld bzw. die Zellspannung die Triebkraft für deren Abtransport. Da die genannten Parameter nicht unabhängig voneinander sind, können nur jeweils zwei von ihnen frei gewählt werden.

Bei gegebenem Durchsatz und gegebener Konzentration sollten die Zellspannung und damit die Stromdichte möglichst groß gewählt werden, ohne aber die Grenzstromdichte zu überschreiten. Neben dem Argument besserer Wirtschaftlichkeit des Prozesses bei höheren Stromdichten (WILSON et al., 1960) scheint sich aus den eigenen Untersuchungen noch der Aspekt einer höheren Selektivität abzuzeichnen.

Was eine Erhöhung der eingesetzten Konzentrationen betrifft, scheint sich unter sonst gleichen Bedingungen eine leichte Verminderung der Selektivität bei absoluter Vergrößerung des Ionentransports abzuzeichnen. Im übrigen kann die Wahl allzu hoher Konzentrationen ggf. auch durch die relative Schwerlöslichkeit des Komplexbildners begrenzt

werden. Schließlich ist noch zu berücksichtigen, daß
bei höheren Konzentrationen auch die in den Laborversuchen
mehr oder weniger zu vernachlässigenden Einflüsse durch
Coionenfluß, Rückdiffusion und Ion-Ion-Wechselwirkung
eine Rolle spielen.

Hinsichtlich des Durchsatzes ergaben sich keine wesentlich neuen Gesichtspunkte. Es bleibt lediglich zu erwähnen, daß im untersuchten Meßbereich kein Einfluß auf die Selektivität festzustellen war.

b. Eine Erhöhung der Temperatur wirkt sich in positivem Sinn auf den Ionentransport aus, jedoch ist der Einfluß vergleichsweise gering.

c. Während Nebenioneneffekte in der Literatur mehr beiläufig erwähnt wurden, erlangen sie im Rahmen dieser Arbeit einen geradezu zentralen Stellenwert. Die Versuche demonstrieren deutlich, wie sehr Ionentransport und insbesondere Selektivität durch eine Verminderung der Relativkonzentration der interessierenden Ionensorte beeinträchtigt werden.

Eine Anwendung der Elektrodialyse auf Trennprobleme ionischer Komponenten scheint in diesem Fall nur unter folgenden Bedingungen vertretbar: wenn 1. ausreichend elektrische Energie zur Verfügung steht, und/oder 2. alternative Methoden sich als noch aufwendiger oder unbrauchbar erweisen sollten.

Im Prinzip könnte der Einfluß hoher Nebenionenkonzentrationen durch den einer entsprechend geringeren Beweglichkeit derselben kompensiert werden. Man stößt jedoch auf praktische Schwierigkeiten, da der quantitative Einfluß der Nebenionenkonzentrationen für gängige Nebenionen (Chlorid, Nitrat, etc.) erheblich überwiegt.

d. Während Ladung und Beweglichkeit bzw. Teilchengröße des
Komplexes zweifellos Auswirkungen auf dessen Transport
haben, so ist dieser Einfluß aber nicht so ausgeprägt,
daß der Prozeß als ganzes infrage gestellt würde. Die
Ergebnisse sprechen dafür, jeden für ein Trennproblem
geeigneten Komplexbildner einsetzen zu können. Die besten
Resultate allerdings sind im Falle zweiwertiger Kationen
für NTA bwz. EDTA zu erwarten.

e. Die Stabilität der Membraneigenschaften bzw. ihre An-
fälligkeit gegenüber Vergiftungseinflüssen konnte im
Rahmen der Untersuchungen nur global abgeschätzt werden.
Bei den Laborexperimenten mit ihren, im Vergleich zur in-
dustriellen Praxis wesentlich geringeren Versuchszeiten
war dennoch bereits ein deutlicher, beeinträchtigender
Effekt zu verzeichnen. Daraus muß die Schlußfolgerung
gezogen werden, daß die Membranvergiftung ggf. ein an-
wendungsbegrenzender Faktor ist.

3. Abschließend sei im Sinne eines Ausblicks festgehalten,
daß der Ansatz, Schwermetallionen unter Einsatz von Komplexbildnern durch Elektrodialyse zu trennen, nur dann in größe-
rem Maßstab industriell nutzbar gemacht werden kann, wenn
- abgesehen von der Komplexierungs bzw. Dekomplexierungs-
problematik, die nicht behandelt wurde - vor allem zwei
Einflüsse sicher kontrolliert werden können:

1. der deletäre Effekt hoher Nebenionenkonzentrationen
   und
2. die Beeinträchtigung der Membraneigenschaften
   durch Vergiftungsvorgänge.

6. LITERATURVERZEICHNIS

BEJERANO, T., FORGACS, CH., RABINOWITZ, J.,
    Desalination 3, 129 (1967)

BOCKRIS, J.O'M und REDDY, A. K. N.
    Modern Electrochemistry, Plenum, New York, 1970

COWAN, D. A. und BROWN, J. H.,
    Ind. Eng. Chem. 51 (12), 1445 (1959)

DANIELS, F. und ALBERTY, R. A.,
    Physical Chemistry, Wiley, New York, 1966 (3. Ed.)

EISENMANN, J. L. und LEITZ, F. B.,
    in: WEISSBERGER, A. und ROSSITER, B. W., Physical
    Methods of Chemistry, IIb, Wiley, New York, 1971

FORGACS, CH., KOSLOWSKY, L., RABINOWITZ, J.,
    Desalination 5, 349 (1968)

HWANG, S. T. und KAMMERMEYER, K.,
    Membranes in Separations, Wiley, New York, 1975

KERTESZ, D., KÖRÖSY, F. De ZEIGERSON, E.,
    Desalination 2, 161 (1967)

KITAMOTO, A. und TAKASHIMA, Y., Desalination 9, 51 (1971)

KÖRÖSY, F. DE und ZEIGERSON, E., Desalination 5, 185 (1968)

KORNGOLD, E., KÖRÖSY, F. DE, RAHAV, R., TABOCH, M. F.,
    Desalination 8, 195 (1970)

KORTÜM, G., Lehrbuch der Elektrochemie,
    Verlag Chemie, Weinheim, 1971 (5. Aufl.)

LABBE, M., FENYO, L.C., SELEGNY, E.,
    Separation Science 10, 307 (1975)

LE ROUX MALHERBE, P. und MANDERSLOOT, W. G. B.,
    in: WILSON, J. R. (ed.), Demineralization by Electrodialysis, Butterworth, London, 1960

MAS, L. J., PIERRARD, P. M., PRAX, P. A., SOHM, J. C.,
    Desalination 7, 285 (1970)

MINDLER, A. B., in: NACHOLD, F. C. und SCHUBERT, J.,
    Ion Exchange Technology, Academic, New York, 1956

MINTZ; M. S., Ind. Eng. Chem. 55 (6), 18 (1963)

NISHIWAKI, T., in: LACEY, R. E. und LOEB, S. (eds.)
    Industrial Processing with Membranes,
    Wiley, New York, 1972

PRIBIL, R., Komplexone in der chemischen Analyse,
    VEB-Verlag, Berlin, 1961

ROSENBERG, N. W. und TIRELLI, C. E., Ind. Eng. Chem.
    49 (4), 780 (1957)

SCHWARZENBACH, G., und FLASCHKA, H.,
    Complexometric Titrations, Methuen, London, 1969

SCHAFFER, L. H. und MINTZ, M. S., in: SPIEGLER, K. S. (ed.)
    Principles of Desalination, Academic, New York, 1966

SPIEGLER, K. S., Desalination 9, 367 (1971)

TRIVEDI, D. S. und PROBER, R.,
    Ion Exchange and Membranes 1, 37 (1972)

WILSON, J. R., COOKE, B. A., MANDERSLOOT, W. G. B., WIECHERS, S. G.
    in: WILSON, J. R. (ed.), Demineralization by Electrodialysis, Butterworth, London, 1960

WINTERHAGER, H. und KRÜGER, J.,
    Aufarbeitung von Kupferendelektrolyten durch Dialyse
    und Elektrodialyse
    (Forschungsberichte des Landes NRW, Nr. 2585),
    Opladen, 1976

FORSCHUNGSBERICHTE
des Landes Nordrhein-Westfalen

*Herausgegeben
vom Minister für Wissenschaft und Forschung*

Die ,,Forschungsberichte des Landes Nordrhein-Westfalen" sind in
zwölf Fachgruppen gegliedert:

Geisteswissenschaften

Wirtschafts- und Sozialwissenschaften

Mathematik / Informatik

Physik / Chemie / Biologie

Medizin

Umwelt / Verkehr

Bau / Steine / Erden

Bergbau / Energie

Elektrotechnik / Optik

Maschinenbau / Verfahrenstechnik

Hüttenwesen / Werkstoffkunde

Textilforschung

SPRINGER FACHMEDIEN WIESBADEN GMBH

If you have any concerns about our products,
you can contact us on
ProductSafety@springernature.com

In case Publisher is established outside the EU,
the EU authorized representative is:
**Springer Nature Customer Service Center GmbH
Europaplatz 3, 69115 Heidelberg, Germany**

Printed by Libri Plureos GmbH
in Hamburg, Germany